U0063970

幸福的柿餅

牟艾莉 / 著
天空塔工作室　潘水 / 繪

中華教育

讓孩子和媽媽共讀「幸福的滋味」

「開飯囉！」每天清晨，這句話就像一個温馨的鬧鐘一樣，讓我和家人迅速聚集到餐桌前。我想這也是很多家庭清晨的一幕吧。其實，在我成為母親之前，我並沒有真正關心過食物。那時的我忙着教學工作和科研事務，是一個不折不扣的「效率派」、「實幹家」。別說烹飪了，我甚至常常忙到連早飯都顧不上吃。

一切的改變發生在我懷孕之時。從那一刻開始，飲食突然成為我生活中每天要關心的事情。我再也不能飢一頓飽一頓，再也不能隨意用垃圾食品填充肚子，我開始認真對待每一餐飲食。也就是從那一刻起，我不得不「慢」了下來，我像發現一個神奇新世界一樣，看見了曾被我忽略的中國美食中那麼多有趣有料的地方。

我寫了六種食物：春餅、柿餅、八寶粥、月餅、糍粑和揚州炒飯。為甚麼會選擇這六種食物呢？

首先，當然因為它們好吃呀！這六種食物囊括了甜鹹酥糯等豐富的口味，你是不是在唸出這些食物名字的時候，就已經快要流口水了？

其次，這些食物來自東西南北，中國的地大物博真的可以濃縮在一道道菜餚之中，舌尖上的中國是精微又宏大的。

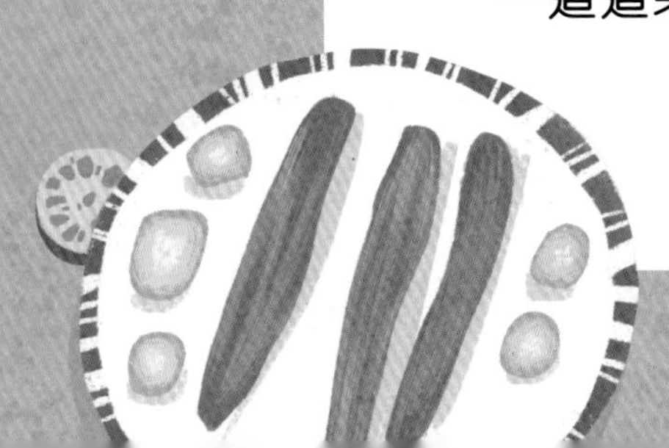

最後，也是最重要的，我想借由這些食物去給孩子們講述那些瑰麗的幻想，動情的故事和人生的哲理。《天上掉下鍋八寶粥》教孩子合作互信，《幸福的柿餅》讓孩子學會耐心等待，《月餅少俠》讓孩子變得勇敢，學會堅持，《小偷春餅店》讓孩子懂得勤勞踏實的重要，《打糍粑的大將軍》教孩子如何激發自己的潛能，《變變變！揚州炒飯》讓孩子知道每個人都是不同的。我們要知道，孩子們或許年齡太小，還不能成為廚房裏的廚師，可是他們想像力巨大，他們是天生的故事世界裏的「廚師」呀。媽媽廚師烹飪好吃的食物給孩子，而孩子廚師「烹飪」好聽的故事給媽媽，這是多麼驚喜又浪漫的事呀。

如果您的孩子是一個「小吃貨」，那麼請鼓勵他對美食的熱愛，讓他不僅愛吃，也愛編織美食的故事吧。

如果您的孩子是一個「挑食的小傢伙」，那麼用這套繪本去消除他對食物的偏心吧。

如果您的孩子是一個愛吃美食又愛編故事的小傢伙，那麼，他一定是一個充滿幸福感的孩子。

我希望這套關於中國味道的小書能夠讓孩子和媽媽品嚐到幸福的滋味。小小的美食和小小的繪本，裏頭有大大的世界呢，趕快打開它們吧！

作者　牟艾莉

戲劇文學博士、四川美術學院副教授

在很遠很遠的地方有一個小村子，村裏有一個孩子，大家都叫他「小柿」，因為他有一棵柿子樹的幼苗。

這棵幼苗是奶奶生前在村東頭的黑棗樹上嫁接的。小柿還記得，奶奶曾說：「人生就像這小幼苗，從一個小不點開始，最後會長成一棵大樹，說不定還能變成一片森林呢。」

小柿心裏記着奶奶的話，決定把這棵柿子樹幼苗種下去。

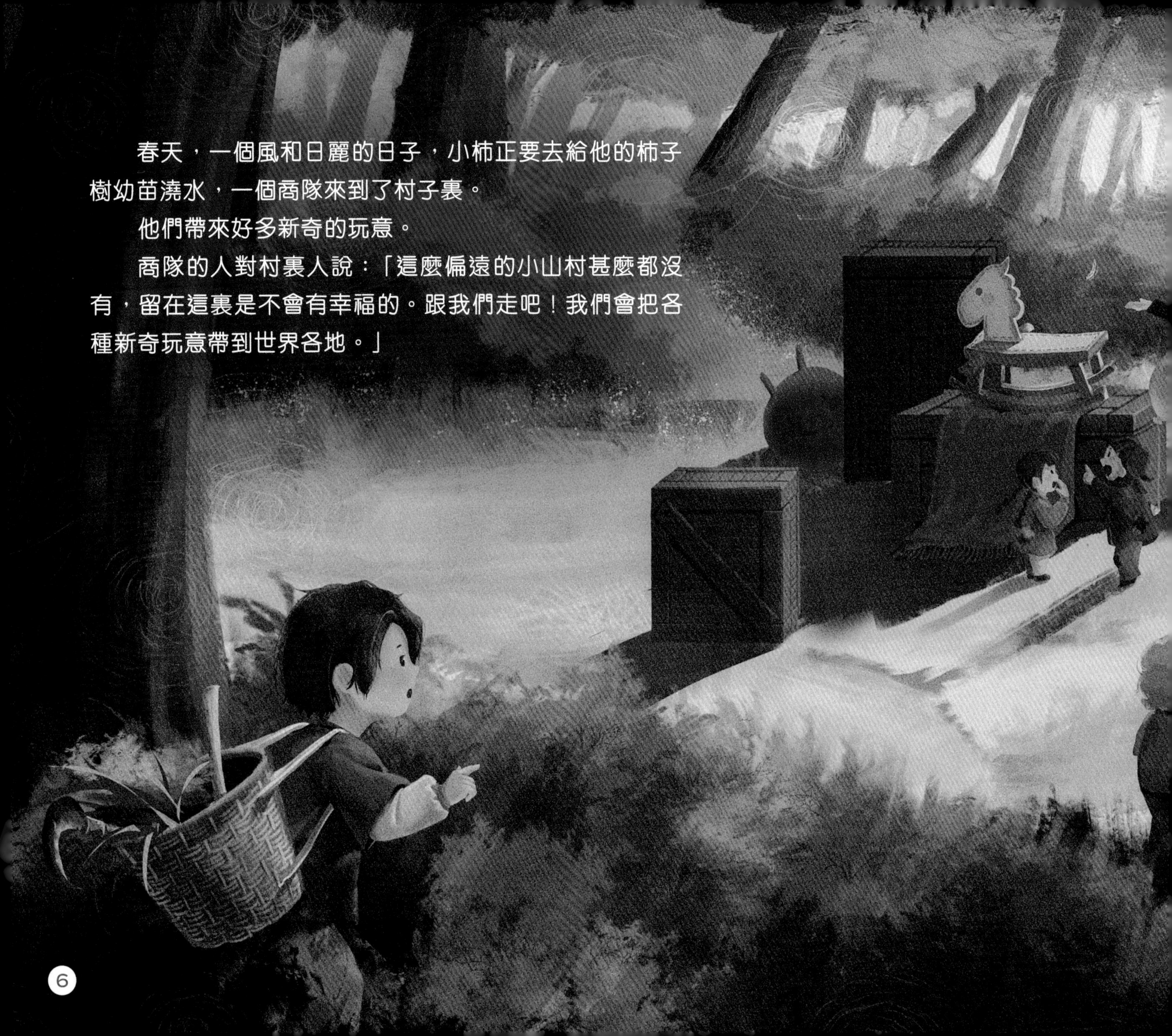

春天，一個風和日麗的日子，小柿正要去給他的柿子樹幼苗澆水，一個商隊來到了村子裏。

他們帶來好多新奇的玩意。

商隊的人對村裏人說：「這麼偏遠的小山村甚麼都沒有，留在這裏是不會有幸福的。跟我們走吧！我們會把各種新奇玩意帶到世界各地。」

村裏的一些人跟着商隊上路了。他們勸小柿一起上路，小柿說：「我的柿子樹還是個小不點呢，等小幼苗長成大樹我再上路吧！」小柿向遠去的商隊揮揮手說：「祝你們找到幸福！」

幾年過去了，當柿子樹的小幼苗長成大樹的時候，一個馬戲團來到了村子裏。

他們表演了好多新奇的節目。

馬戲團的人對村裏人說：「這麼偏遠的小山村甚麼都沒有，留在這裏是不會有幸福的。跟我們走吧！我們馬戲團將在全世界巡迴表演，外面的世界才精彩呢！」

又有一些人跟着馬戲團上路了。他們勸小柿一起上路，小柿說：「我的柿子樹還沒開花呢，等柿子樹開花我再上路吧！」小柿向遠去的馬戲團揮揮手說：「祝你們找到幸福！」

又一年過去了，春末夏初，當柿子樹開出美麗的黃色小花的時候，一條鐵路修進了村子裏。

火車司機對村裏人說：「這麼偏遠的小山村甚麼都沒有，留在這裏是不會有幸福的。跟我上車吧！外面的大城市有好多工作機會呢！」

　　村子裏許多人坐上了火車。他們勸小柿一起上車，小柿說：「我的柿子樹還沒結果呢，等柿子樹結果了我再上路吧！」小柿向遠去的火車揮揮手說：「祝你們找到幸福。」

又一年的秋天，當柿子樹結滿沉甸甸的柿子時，一對旅行的夫婦來到了這裏。

他們抬頭望着柿子樹。這些柿子掛在樹上，就像一個個小燈籠一樣。

「多美好啊！」妻子說。

夫婦倆走了很遠的路，又渴又累。小柿請他們進屋坐下，摘了一筐紅彤彤的柿子遞給他們品嚐。

「我們旅行了那麼多地方，這是我吃過的最甜蜜的果實。」丈夫說。

「我們可以多帶一些走嗎？」妻子問。

「柿子成熟後不容易保存，不如把它做成柿餅吧！」小柿說。

② 削去柿子皮。

① 小柿摘下一簍硬柿子（做柿餅的柿子不能是軟柿子）。

⑥ 將木桶密封，放置於陰涼處，開始捂霜。（即讓柿子產生柿霜。柿霜是柿子在乾燥過程中，果肉糖分析出，在表面形成的結晶。）

③ 把削好皮的柿子用麻繩串起來，掛在屋簷下晾曬。

④ 把削下來的柿子皮攤開，晾曬。

⑤ 半個月後，取下柿子，鋪在木桶或缸內：一層柿子皮，一層柿子地鋪，直到把木桶或缸裝滿為止。

⑦ 密封放置十天，柿子表面會慢慢出霜，霜降前後可取出。

這對旅行的夫婦又要上路了，他們來跟小柿告別。小柿用漂亮的花布打包了一袋柿餅送給他們，對他們說：「祝你們幸福。」

「也祝你幸福。」夫婦倆對小柿說。

一年又一年過去了，小柿在這裏種下了許許多多的柿子樹，荒蕪的小山村已經變成了豐收的柿子果園。小柿再也不說「我要上路了」。

豐收的柿子被小柿做成了許許多多的柿餅，
這些柿餅裝滿一輛又一輛汽車，被運到許多地方。

人們口口相傳，說柿子代表着「事（柿）事（柿）如意」，在柿子樹下許願，就能獲得幸福。

越來越多的人到這個村子旅行，甚至在這裏定居下來。

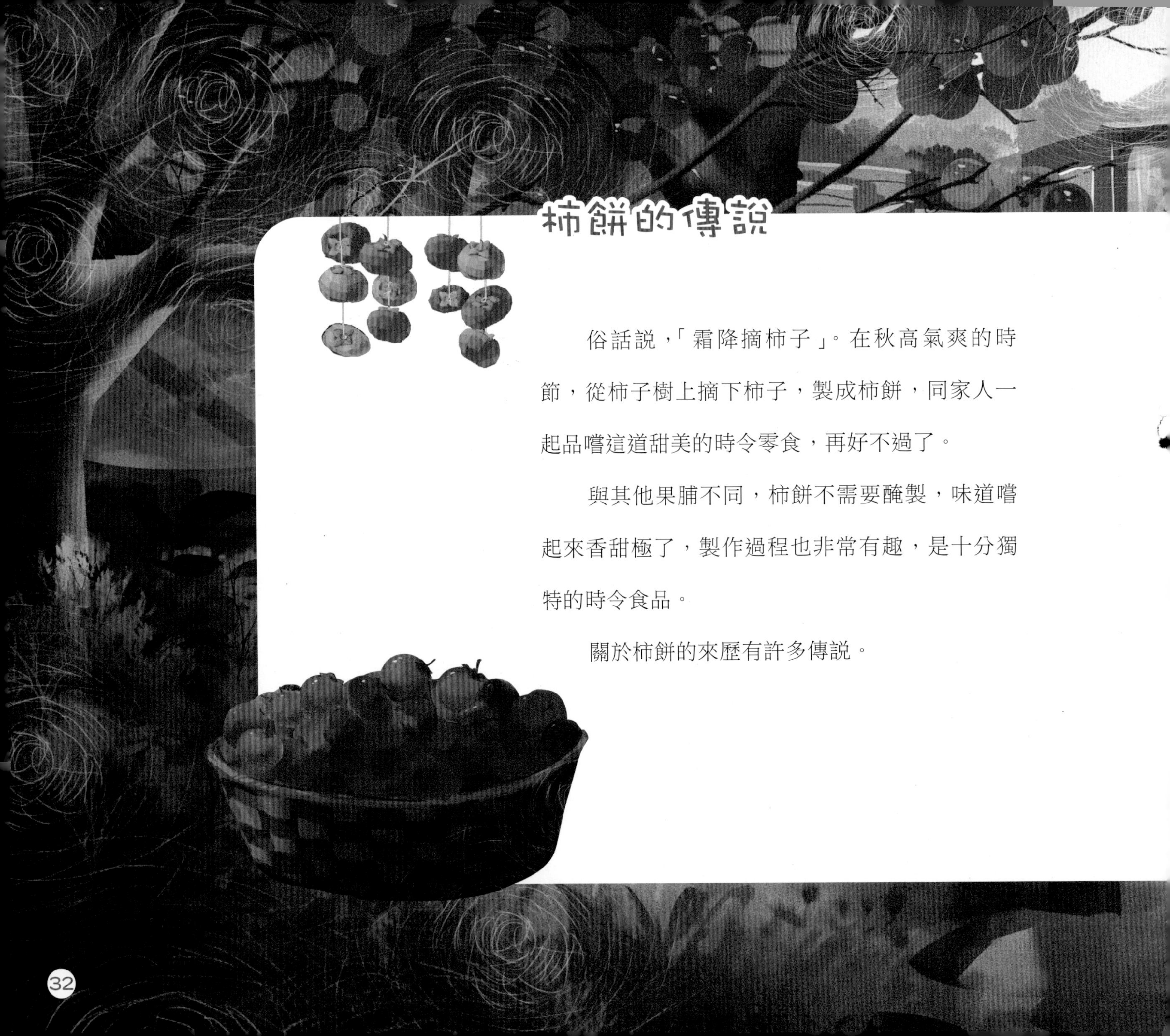

柿餅的傳說

俗話說，「霜降摘柿子」。在秋高氣爽的時節，從柿子樹上摘下柿子，製成柿餅，同家人一起品嚐這道甜美的時令零食，再好不過了。

與其他果脯不同，柿餅不需要醃製，味道嚐起來香甜極了，製作過程也非常有趣，是十分獨特的時令食品。

關於柿餅的來歷有許多傳說。

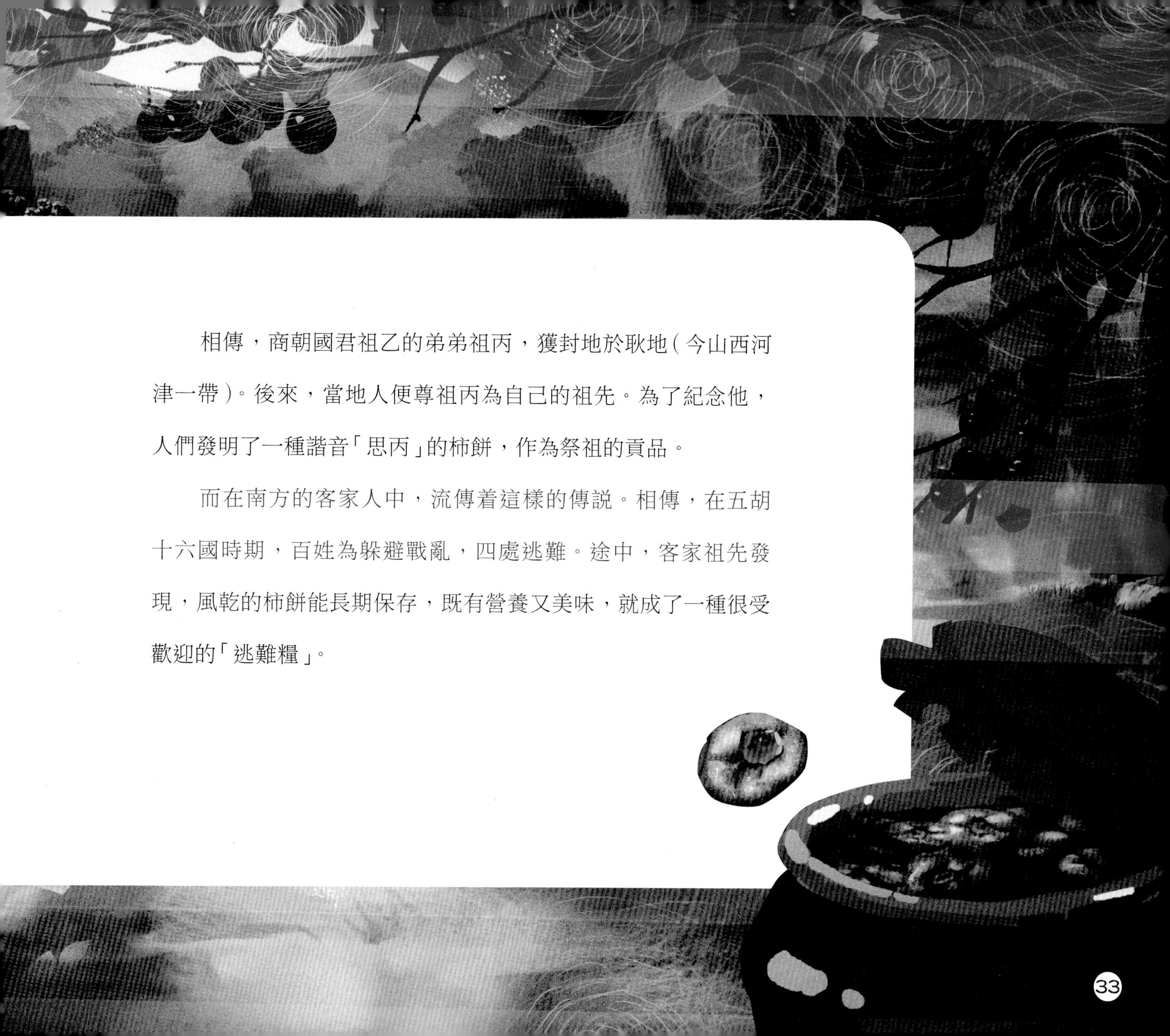

相傳，商朝國君祖乙的弟弟祖丙，獲封地於耿地（今山西河津一帶）。後來，當地人便尊祖丙為自己的祖先。為了紀念他，人們發明了一種諧音「思丙」的柿餅，作為祭祖的貢品。

而在南方的客家人中，流傳着這樣的傳説。相傳，在五胡十六國時期，百姓為躲避戰亂，四處逃難。途中，客家祖先發現，風乾的柿餅能長期保存，既有營養又美味，就成了一種很受歡迎的「逃難糧」。

責任編輯　余雲嬌
裝幀設計　龐雅美
排　　版　龐雅美
印　　務　劉漢舉

這就是中國味道系列 3

幸福的柿餅

牟艾莉 / 著
天空塔工作室　潘水 / 繪

出版 ｜ 中華教育
香港北角英皇道 499 號北角工業大廈 1 樓 B 室
電話：(852) 2137 2338　　傳真：(852) 2713 8202
電子郵件：info@chunghwabook.com.hk
網址：https://www.chunghwabook.com.hk

發行 ｜ 香港聯合書刊物流有限公司
香港新界荃灣德士古道 220-248 號荃灣工業中心 16 樓
電話：(852) 2150 2100　　傳真：(852) 2407 3062
電子郵件：info@suplogistics.com.hk

印刷 ｜ 高科技印刷集團有限公司
香港葵涌和宜合道 109 號長榮工業大廈 6 樓

版次 ｜ 2022 年 7 月第 1 版第 1 次印刷

規格 ｜ 16 開 (210mm x 255mm)
ISBN ｜ 978-988-8807-93-2